A INTERDISCIPLINARIDADE RELACIONADA A HIDROSTÁTICA

UMA PROPOSTA PARA O ENSINO MEDIO INTEGRADO AO TÉCNICO

CARMEM ADÉLIA SIMONSSINI BELINE

Apresentação

Prezado(a) professor(a)

Com o passar dos anos, as vivências diárias, os enfrentamentos e os professores amigos… ah!!!! Se não fossem os amigos… me senti impulsionada a escrever este livro, visando contribuir para a promoção de um ensino facilitador, para alunos que cursam o Ensino Médio Integrado ao Técnico. A pretensão não é abordar com profundidade o tema, mas ampará-los nessa jornada, procurando apresentar relações entre conteúdos, sugerindo um possível caminho para tratar este assunto. Que este livro possa permitir o desenvolvimento de competências e habilidades e, principalmente, ajudar no seu trabalho.

SUMÁRIO

LISTA DE IMAGENS

SISTEMA DE BOMBEAMENTO

CAPÍTULO 1

1 Como a água chega até a sua casa?

Figura 1 – A água que chega na sua torneira

Fonte: do próprio autor

BRAINSTORMING:

a) Veja a notícia sobre a Transposição do Rio São Francisco a seguir e se familiarize com termos como gravidade e sistema de bombeamento. (notícia 01)

b) Case: Faça uma leitura sobre a história do caso da implantação da estação de bombeamento em Semarang, Indonésia, pela empresa Grundfos. Acesse: A estação de bombeamento soluciona inundações crónicas e melhora a qualidade de vida em Semarang, na Indonésia | Grundfos

NOTÍCIA 01: Transposição do São Francisco usa gravidade e bombeamento para levar água a 12 milhões

Criado em 09/09/15 11h48 e atualizado em 10/09/15 13h56 Por Edgard Matsuki Edição:Leyberson Pedrosa - Portal EBC

Mais de 12 milhões de pessoas beneficiadas em 390 municípios em Pernambuco, Ceará, Paraíba e Rio Grande do Norte, R$ 8,2 bilhões investidos, cerca de 10 mil trabalhadores envolvidos. Os números fazem a integração do Rio São Francisco ser considerada a maior obra infraestrutura para abastecimento de água da história do Brasil.

Prevista para terminar em 2017, a transposição do "Velho Chico" atende a uma demanda de recursos hídricos na região Nordeste do Brasil.

De acordo com dados do governo, o Nordeste possui 28% da população brasileira e apenas 3% da disponibilidade de água. Já o Rio São Francisco responde por 70% de toda a oferta de água da região.

A obra consiste, basicamente, em fazer com que as águas do Rio São Francisco cheguem a outros reservatórios de forma sustentável (ou seja, sem grandes impactos ambientais). Para tanto, a água percorre o trajeto de duas formas: por gravidade (o canal da obra tem um declive de 3º) ou com a força de estações de bombeamento.

EBC | Transposição do São Francisco usa gravidade e bombeamento para levar água a 12 milhões

Acesse e assista também ao vídeo: Água começa a descer pelos canais do projeto de integração do Rio São Francisco (youtube.com)

RESPONDA APÓS LER SOBRE O CASE:

1. Qual era a situação – problema que a cidade vivia?
2. Qual foi a solução encontrada?

Agora já podemos pensar em como a água chega até as nossas casas, veja a figura 2:

Figura 2 – estação de tratamento de água

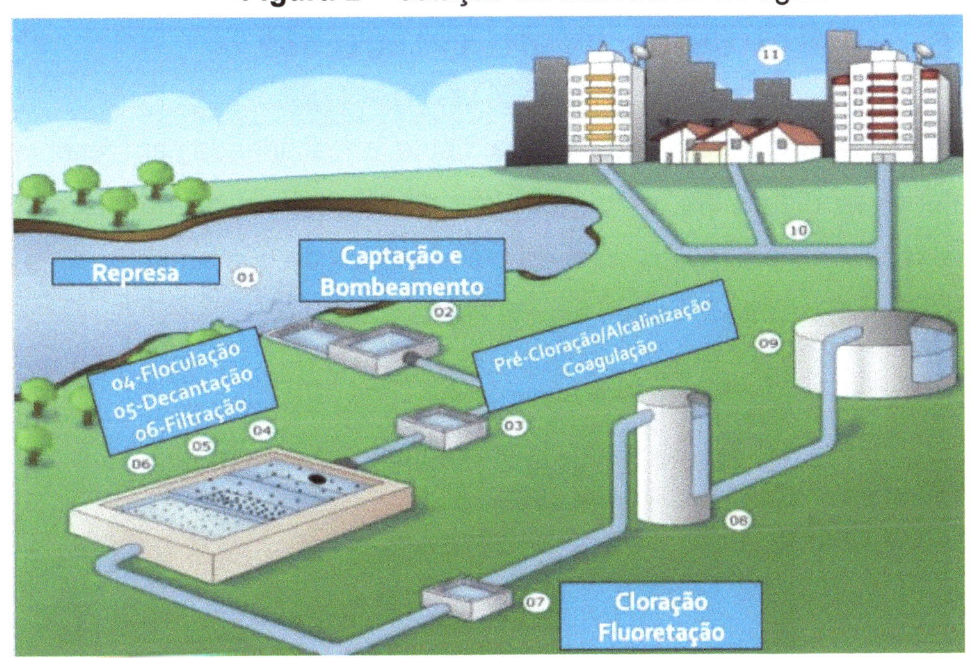

Fonte: Saneamento básico - O que é, importância, tratamento de água e esgoto (escolaeducacao.com.br)

Como você pode ver, a água é captada do rio/represa (01 - 02), tratada nas estações (04 – 05 – 06 - 07), armazenada em tanques/reservatórios em diversos pontos da cidade (08 – 09) e distribuída para as casas nos diferentes bairros (10 e 11) Ou seja, ela precisa ser captada e posteriormente tratada para, finalmente, ser distribuída e chegar até a sua casa.

Vamos entender um pouquinho das etapas de captação e bombeamento (02) e a etapa 10 e 11, a distribuição?

1.1 O que é a etapa de captação e bombeamento?

Conforme Cesan (2024) a água sem tratamento e imprópria ao consumo humano é retirada de mananciais para o abastecimento de água. Ela passa por um sistema de grades (separação sólido – líquido) que impede a passagem de folhas, galhos e troncos (resíduos sólidos), desarenação (remoção de areia por sedimentação/decantação) e é bombeada para a estação de tratamento de água. Nesta etapa de bombeamento, a água é conduzida até a estação de tratamento por **tubulações e bombas**.

1.2 O que é a etapa de distribuição?

Após o tratamento, a água é, geralmente, encaminhada para reservatórios de distribuição (figura 03), onde pode ser armazenada e distribuída conforme necessidade. Existem muitos tipos de reservatórios de que armazenam a água. (os círculos em negrito apontam alguns tipos).

Figura 3 - Armazenamento – Reservatórios

Fonte: Estação de tratamento de água (ETA): o que é e como funciona (neowater.com.br)

1.2.1 Classificação dos Reservatórios de distribuição de água

Os reservatórios podem ser classificados, conforme Guedes (2018) da seguinte maneira:

a) Quanto à localização no sistema
b) Quanto à localização no terreno
c) Quanto à sua forma
d) Quanto aos materiais de construção

a) Quanto à localização no sistema - veja a figura 4

✓ Reservatório de montante:

✓ Reservatório de jusante:

Recebe a água nas horas de menor consumo e auxilia o abastecimento durante as horas de maior consume; possibilita uma menor oscilação da pressão nas zonas a jusante da rede; a entrada e a saída de água se realizam através de uma tubulação única (SANTOS, 2024)

✓ Reservatório de montante e jusante

Figura 4 - Localização dos reservatórios: reservatório a montante e reservatório a jusante, respectivamente

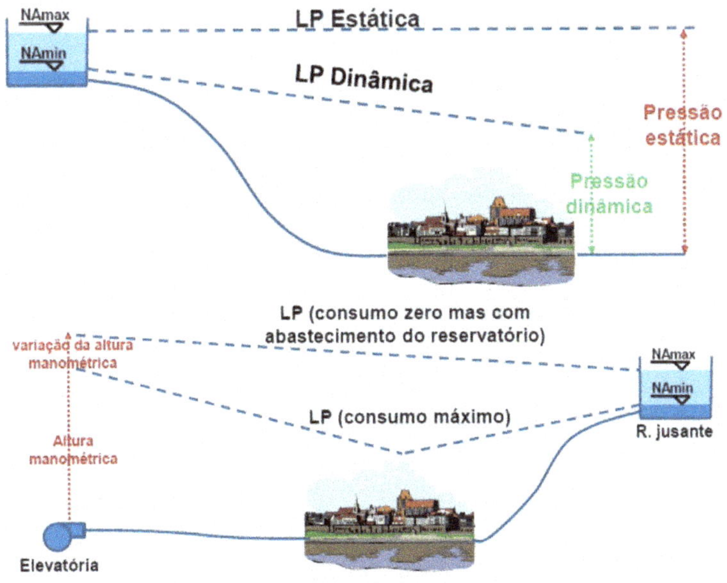

Fonte: ALEM SOBRINHO & CONTRERA (2016)

OBS.: Termos como altura manométrica, pressão dinâmica e pressão estática, estaremos vendo em outro momento.

Na figura 4 aparece os termos NAmax (nível máximo) e NAmin (nível mínimo) porque existe a necessidade de se estabelecer nível máximo e mínimo de água no tanque, ou seja:

Nível máximo: maior nível passível de ser atingido em condições normais de operação;

Nível mínimo: para evitar vórtices, cavitação ou arraste dos sedimentos depositados no fundo. (SANTOS, 2024)

☞ Segundo Guedes (2018), "a localização deve permitir abastecer as redes de distribuição com os seguintes limites de pressão:"

- Pressão estática máxima: 50 mca
- Pressão dinâmica mínima: 10 mca

b) Quanto à localização no terreno: podem ser, segundo Santos (2024), enterrados, semienterrados, apoiados e elevados (veja figura 5)

A escolha do local é muito importante, segundo Santos (2024), precisa atender aos limites de pressão na rede, estar o mais próxima possível aos respectivos centros de massa de consumo em que se leva em consideração as características topográficas e geológicas do terreno (nem muito inclinado ou acidentado, nem constituído por solo rochoso ou pouco consistente), além da verificação da existência de reservatórios já existentes, o custo e a disponibilidade de recursos. (SANTOS, 2024)

Figura 5 - Reservatórios, quanto a posição no terreno

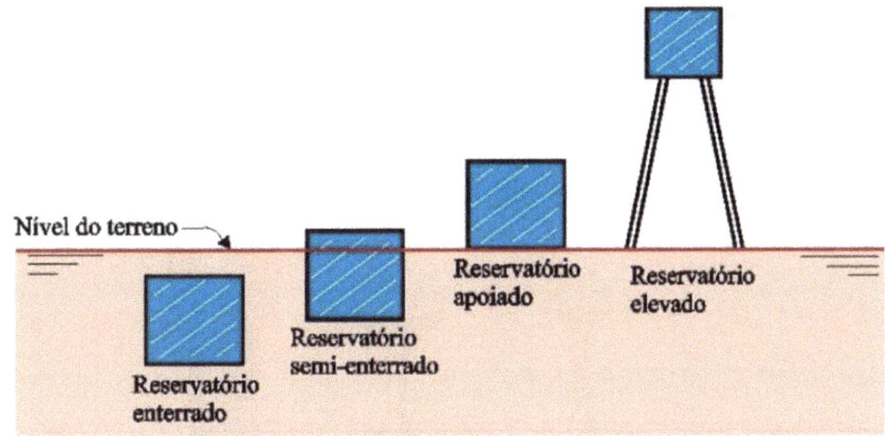

Fonte: ALEM SOBRINHO & CONTRERA (2016)

c) *Quanto à sua forma, Guedes (2018) explica que:*

<u>*Reservatórios enterrados, semienterrados e apoiados*</u> → Normalmente são circulares ou retangulares; de modo geral, não existe restrição; É comum construir estes reservatórios divididos em duas câmaras, por uma parede interna (para atender a diferentes etapas de construção);

<u>*Reservatórios elevados*</u> → Construídos em uma grande variedade de formas, conforme a imaginação do projetista. (GUEDES, 2018)

Figura 6 - Quanto a forma dos reservatórios

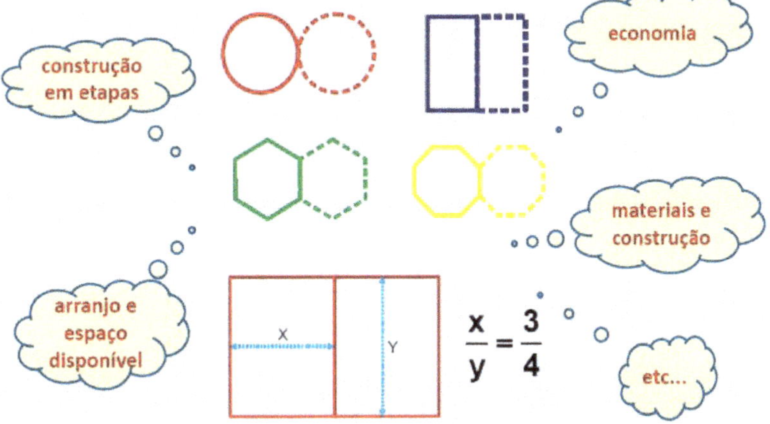

Fonte: ALEM SOBRINHO & CONTRERA (2016)

Figura 7 - Diferentes Formas de Reservatórios

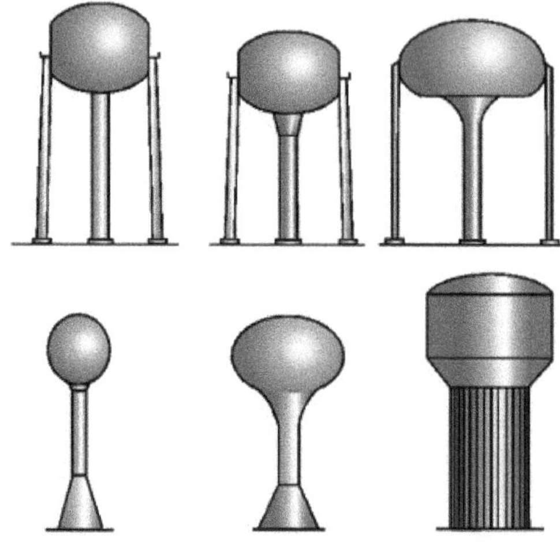

Fonte: Guedes, 2018

d) *Quanto ao material de construção, Guedes (2018) informa que os reservatórios podem ser construídos de concreto, alvenaria, aço e com fibra de vidro, sendo que:*

- *Reservatórios de maior porte:*

  Usual: concreto armado

  Menos usual: aço, alvenaria estrutural e concreto protendido

- *Reservatórios de menor porte*

  Fibra de vidro, aço

Para a escolha do material da estrutura do reservatório deve ser considerado, antes, um estudo técnico e econômico, segundo Guedes (2018), para verificar:

- Condições da fundação
- Disponibilidade do material na região
- Agressividade da água a armazenar e do ar atmosférico

Para finalizar esta explanação, podemos nos perguntar, mas qual a finalidade dos reservatórios de distribuição de água? Existem vantagens em implantá-lo em alguma localização da cidade?

Santos (2024), explica que existe uma importância grande no estudo para que o abastecimento de água para a população seja controlado e bem distribuído, onde aponta:

• **Finalidades** – Regularizar a vazão de adução com a de distribuição – Condicionar pressões na rede de distribuição – Reservar água para combate a incêndio e/ou emergências

• **Vantagens:** – Bombeamento fora do horário de pico (↓$) – Aumento no rendimento dos conjuntos elevatórios

• **Desvantagens:** – Custo elevado de implantação – Nem sempre disponibilidade de local em cota adequada – Ocorrência de deterioração da qualidade da água (SANTOS, 2024)

1.2.2 Distribuição da água para a cidade

Já, a etapa de distribuição pode ser entendida como sendo o conjunto de adutoras (tubulação de grande diâmetro), tubulações, equipamentos (bombas) e encanamentos (canos) por onde se distribui a água tratada para a população. (figura 08)

Figura 8- Água chegando à sua casa (*)

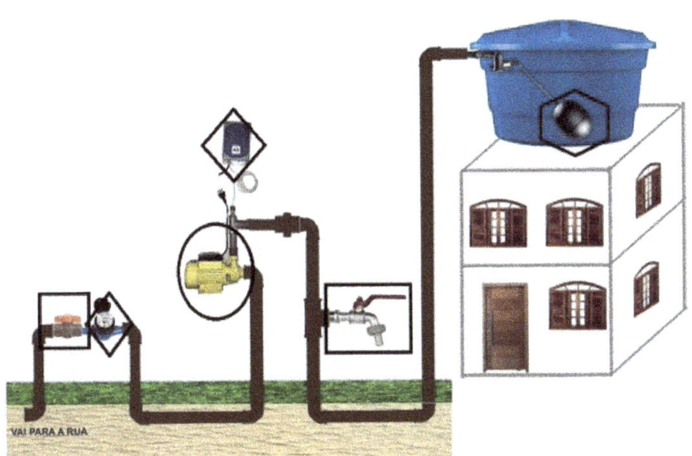

Fonte: adaptação de maxresdefault.jpg (1280×720) (ytimg.com)

Muito bem, agora que você já entendeu como a água chega até sua casa, vamos começar a estudar sobre o equipamento que ajuda nesse transporte, os princípios físico-químicos e os acessórios necessários envolvidos. Claro que os conceitos sobre fluidos, densidade, viscosidade, pressão precisarão ser retomados para melhorar seu entendimento.

INTERDISCIPLINARIDADE:

➔ ***Ciências da Natureza e suas Tecnologias (Química, Física e Biologia)***

- Utilizar seminários, debates, feiras entre outros;
- Comunicar resultados e conclusões;
- Argumentar evidências;
- Usar linguagem científica;
- Interpretar dados estatísticos, tabelas, gráficos e infográficos, entre outros.

➔ ***Química Ambiental***

- Conhecer e entender propriedades físico-químicas, estruturas, composições, características, toxicidade;
- Estudar o tratamento para obtenção de água potável e para os efluentes líquidos;
- Entender e aplicar as legislações e normas afins.

➔ ***Matemática e suas Tecnologias***

- Aplicar problemas matemáticos para o orçamento familiar e indicadores econômicos.
- Aplicar questões que envolvem cálculos de taxas e índices;
- Entender e interpretar gráficos e diagramas estatísticos.

VARIÁVEIS DE PROCESSO

CAPÍTULO 2

2 Fluidos - Variáveis de Processo

Estudar as variáveis que se relacionam com o escoamento de fluidos, seja em canais, tubos ou dutos, na lubrificação, nos problemas envolvendo a ação dos ventos na construção civil e nos veículos, a ação dos fluidos sobre as superfícies submersas, elevadores hidráulicos, bombas e turbinas, instalações de vapor e caldeiras até mesmo na aerodinâmica nos ajuda no entendimento das operações unitárias. (MATOS, 2015)

Estudar e entender as propriedades dos fluidos, nos ajuda a compreender qualquer sistema que tenha fluidos como meio atuante. (BARBOSA, 2015)

2.1 Definição de Fluídos

É uma substância, que ao ser submetida a uma tensão tangencial ou tensão de cisalhamento ao invés de deformar-se como um sólido, escoa, deforma-se continuamente. São basicamente, líquidos, gases e partículas fluidizadas. (TAGLIAFERRO, 2024)

Também conhecida por fluid shear stress, a tensão de cisalhamento do fluido, se refere à força tangencial que age sobre uma superfície quando um fluido se move em relação a ela. Essa força é causada pela fricção entre as camadas de fluido que se movem em velocidades diferentes e afeta o fluxo de fluidos de várias maneiras, podendo causar turbulência ao fluxo, aumentando a resistência ao movimento e, pode afetar, também, a viscosidade do fluido, tornando-o mais ou menos espesso. (GOES, 2023)

Os estados físicos da matéria – líquido e gás – apesar de serem considerados fluidos, apresentam algumas particularidades: Líquido: volume definido e forma indefinida; Gases: volume e forma indefinidos. (MATOS, 2015)

⇨ <u>Experimento:</u> aperte uma borracha e uma massinha (geleca) ou uma borracha e uma gota de óleo. A borracha se deforma até um limite (ou seja, as forças internas se equilibraram com as forças externas aplicada); a gota de óleo se deforma continuamente (as forças não se equilibraram) (BARBOSA, 2015)

- Os fluidos podem ser classificados de acordo com a relação entre a tensão de cisalhamento e a velocidade de deformação:
- Quando a relação é linear, ou seja, a tensão de cisalhamento é proporcional à velocidade de deformação (indicando que a viscosidade absoluta permanece constante) chamamos de fluidos newtonianos. Exemplos: água, líquidos pouco viscosos, óleo e gases. (MATOS, 2015)
- Já, os fluidos que não apresentam relação linear entre a tensão de cisalhamento e a velocidade de deformação são chamados de fluidos não newtonianos. Ex.: gel, emulsões, petróleo, sangue, tintas, lamas e lodos, etc... (MATOS, 2015)

2.2 Propriedades dos Fluidos

Resumidamente e, segundo Barbosa (2015), as principais propriedades que caracterizam os diversos tipos de fluidos são:

Massa específica ou densidade (ρ): Relação entre a massa (m) e o volume (V) da substância considerada.

Figura 9 – Densidade

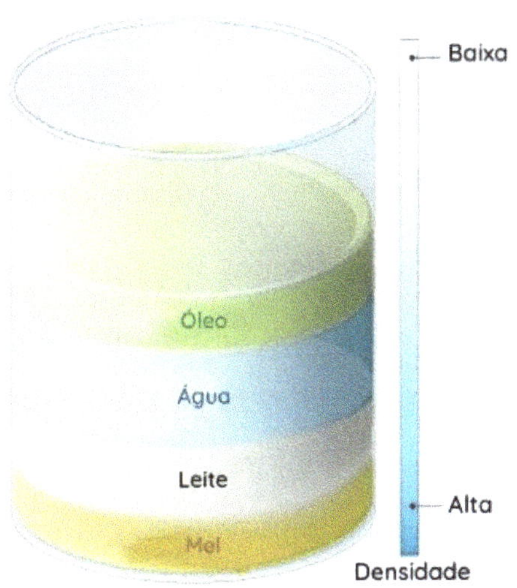

Fonte: Fluidos: o que são, características, teoremas - Brasil Escola (uol.com.br)

FORMULA	UNIDADES	
	no SI*	**No CGS***
$\rho = m / V$	Kg/m^3	g/cm^3

(*) SI – Sistema Internacional de unidades: CGS – unidades de medidas adotadas no Congresso Internacional de Eletricidade

- Peso específico (representado pela letra grega γ) de uma substância, que constitui um corpo homogêneo, é definido como a razão entre o peso (P) e o volume (V) do corpo constituído da substância analisada.

FORMULA	UNIDADES	
	no SI	**No CGS**
$\gamma = P / V$	N/m^3	$dina/cm^3$

- Peso específico relativo (γr): é a relação entre o peso específico de uma substância (A) e o peso específico da água. Em condições de atmosfera padrão o peso específico da água é 10000 N/m3; O peso específico relativo é um número adimensional.

FORMULA	UNIDADES
$\gamma_r = \gamma(A) / \gamma(água)$	Sem unidade (adimensional)

- Viscosidade: quando um fluido escoa, suas partículas apresentam diferentes velocidades de acordo com sua posição na tubulação. A velocidade é zero próximo às paredes da tubulação e atinge seu valor máximo na região central. Essa diferença na velocidade de movimentação Viscosidade: quando um fluido escoa, suas partículas apresentam diferentes velocidades de acordo com sua posição na tubulação. A velocidade é zero próximo às paredes da tubulação e atinge seu valor máximo na região central. Essa diferença na velocidade de movimentação pode ser associada ao atrito existente entre as partículas e a parede do recipiente. Então, a viscosidade indica o grau de resistência do fluido à tensão de cisalhamento. (MATOS,2015)

Figura 10 - Viscosidade

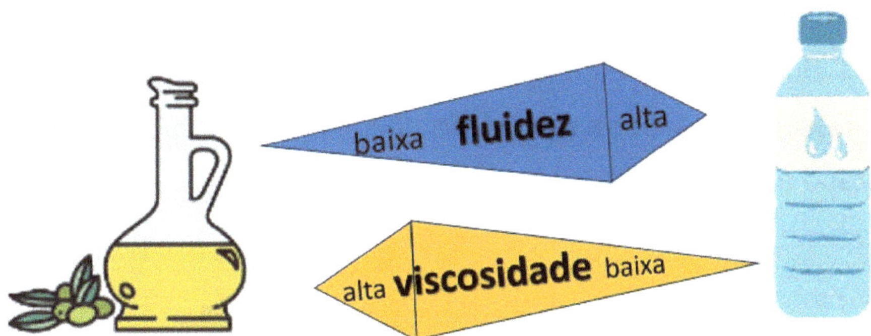

Fonte adaptada: https://www.slideserve.com/napua/hidrost-tica-revis-o

a) Viscosidade absoluta ou dinâmica **(μ):** é característica de cada fluido: depende da Temperatura e da Pressão;

No SI	No CGS
Pa.s =N.s/m^2	Dina.s/cm^2 g/cm.spoise
1 Pa.s = 10 poise	

b) Viscosidade específica (v): é a relação entre a viscosidade absoluta e a viscosidadeda água a 20ºC e 1 atm.

$$\nu = \frac{\mu}{\rho}$$

⇨ Viscosidade nos líquidos: diminuem com o aumento da temperatura

⇨ Viscosidade nos gases: aumenta com o aumento da temperatura

EXERCÍCIOS

1. A massa específica da gasolina é **ρ** = 0; 66g=cm3. Em um tanque com capacidade para 10.000 litros, qual a massa da gasolina correspondente?
2. Calcular o peso específico de um cano metálico de m= 6kg e volume tubular de 0,0004 metros cúbicos.
3. O heptano e o octano são duas substâncias que entram na composição da gasolina. Suas massas específicas valem, respectivamente, 0,68 g/cm3 e 0,70 g/cm3. Desejamos saber a densidade dagasolina obtida, misturando-se 65 cm^3 de heptano e 35 cm^3 de octano.
4. O quadro indica a massa específica de alguns metais, em g=cm^3.

Alumínio	Chumbo	Zinco	Ouro	Prata
2,7	11,3	7,1	19,2	19,5

Um pedaço de um desses metais tem massa de 19,2 g e volume de 2,7 cm3. Qual é o metal?

ESTÁTICA DOS FLUIDOS

CAPÍTULO 3

3 Estática dos Fluídos

Vimos que uma força tangencial aplicada à superfície, como exposto acima, origina tensões de cisalhamento. Então, estudar uma força aplicada a uma superfície de um fluido em repouso é estudar a “estática dos fluidos”. (BARBOSA, 2015)

Para começar o assunto, preste atenção na figura 11 e tente resolver o desafio.

Figura 11 - Desafio sobre pressão

Fonte: Favretto, 2024

DESAFIO:

Considere que a força aplicada é a força peso (P = m.g) e para tanto as massas (m) de ambos os corpos são iguais.

A pressão exercida sobre os corpos em repouso é a mesma ou não?

Quem afunda primeiro?

3.1 Conceito de Pressão

Veja a imagem abaixo, figura 12

Figura 12 – entendendo a pressão de um bloco de tijolo

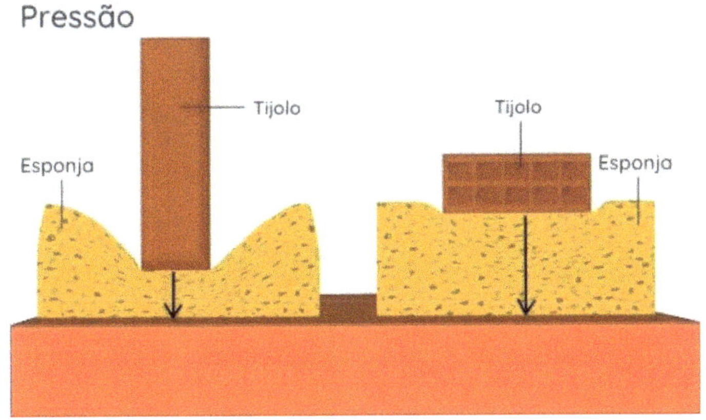

Fonte: Fluidos: o que são, características, teoremas - Brasil Escola (uol.com.br)

A pressão (P) é definida como a razão entre o módulo da força (F) perpendicular à superfície e a área (A) sobre a qual vamos aplicá-la:

<table>
<tr><th>FORMULA</th><th>UNIDADES</th></tr>
<tr><td>$P = \frac{F}{A}$</td><td><table><tr><th>no SI</th><th>No CGS</th></tr><tr><td>N/m^2</td><td>$dina/cm^2$</td></tr></table></td></tr>
</table>

Veja o exemplo a seguir:

Figura 13 - Conceito de pressão

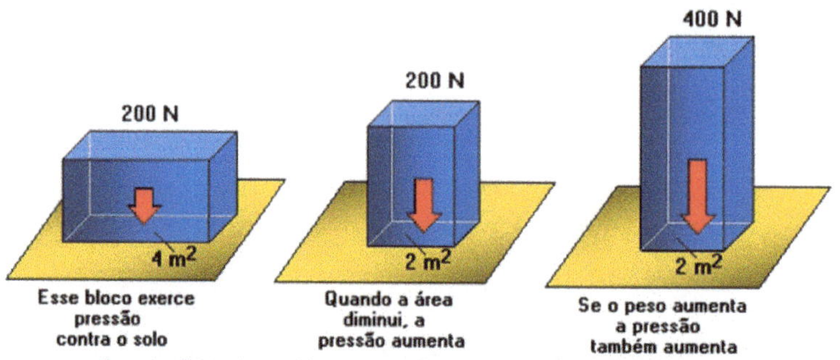

A pressão que um bloco exerce contra o solo depende:
a) do seu peso (intensidade da força);
b) da área de apoio.

$$P = \frac{F}{A} = \frac{200}{4} = 50\,\text{Pa} \qquad P = \frac{F}{A} = \frac{200}{2} = 100\,\text{Pa} \qquad P = \frac{F}{A} = \frac{400}{2} = 200\,\text{Pa}$$

Fonte: Mundo da Qualidade: Falando sobre Grandezas Físicas (mundoqualidade.blogspot.com)

3.2 Escalas de Pressão

3.2.1 A pressão atmosférica

Os seres vivos na superfície da Terra experimentam uma pressão. Então, falar de pressão atmosférica é falar da força do ar sobre a superfície terrestre. Logo, “pressão atmosférica é a força exercida pela massa de gases da atmosfera sobre uma superfície qualquer.” (BRAGA, 2010)

Evangelista Torricelli em 1643 inventou o barômetro, aparelho usado para esta medição, na unidade de bar. Veja a figura 14, abaixo.

Figura 14 - Medida da pressão atmosférica

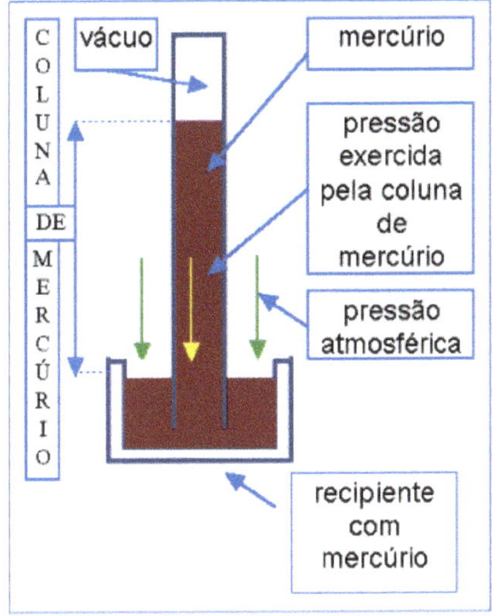

Fonte: Pressão atmosférica: o que é, como se calcula, exercícios e mais (todoestudo.com.br)

Patm = 101,325kPa = 760 mmHg

"Seu valor não é constante, podendo variar de acordo com a altitude, além de influenciar na temperatura de um determinado local." (BRAGA, 2010) À medida que atingimos altitudes maiores, a partir do nível do mar, a pressão atmosférica se reduz. Essa pressão varia na Terra de acordo com a altitude: quanto maior a altitude, menor a pressão atmosférica.

Figura 15 - Pressão atmosférica e altitude

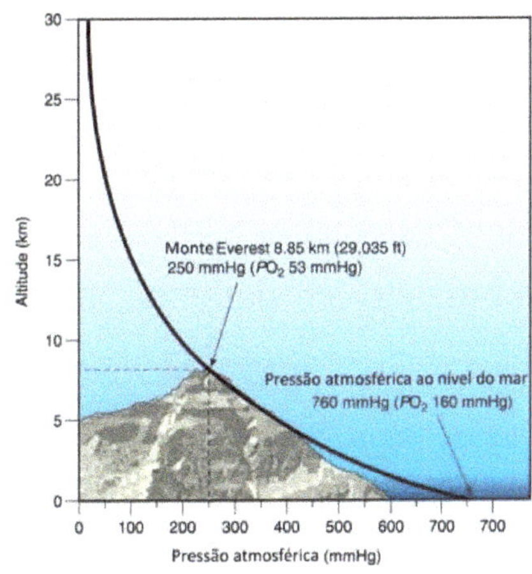

Fonte: Diagrama Da Pressão Atmosférica Contra a Altura Ilustração do Vetor - Ilustração de hipoxia, oxigênio: 12436225 (dreamstime.com)

3.2.2 Pressão Absoluta e Pressão Relativa

Segundo Brunett (2008), temos os seguintes conceitos:

- ⇨ PRESSÃO ABSOLUTA (Pabs): quando a pressão é medida em relação ao zero absoluto (vácuo);
- ⇨ PRESSÃO RELATIVA (Pman): chamada também de pressão efetiva ou pressão manométrica é a pressão medida em relação à pressão atmosférica; A maioria dos instrumentos industriais mede a pressão manométrica. A unidade pode receber uma letra para indicar que a medição é manométrica (exemplo: psig). (BRUNETT, 2008)

Veja um instrumento de medição de pressão a seguir.

Figura 16 - Instrumento de medição

Fonte: Do próprio autor

Quer saber um pouco mais?

Acesse: Entenda melhor a pressão em sistemas Hidráulicos e pneumáticos. (youtube.com)

Todos os aparelhos/instrumentos industriais de pressão (os chamados manômetros) registram "zero" quando abertos à atmosfera. Eles medem a diferença entre a pressão do fluido e o meio onde se encontram. Se a pressão for menor que a atmosférica, chamamos de "vácuo" (depressão). A figura 17 a seguir nos ajudar a entender melhor.

Figura 17 - Escala de pressão

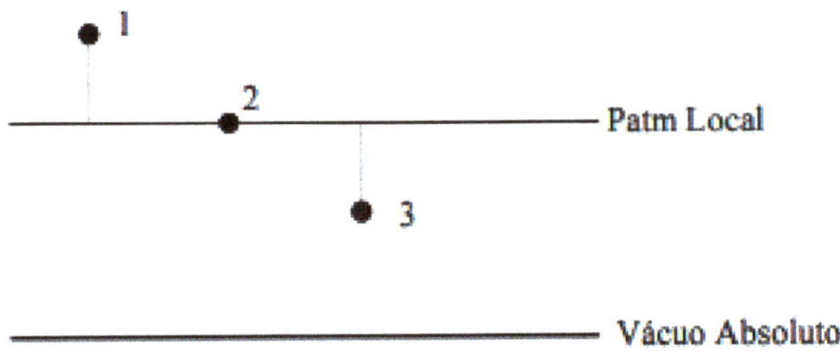

Fonte: Souza (2010) - Onde: Ponto 1: Pressão manométrica positive; Ponto 2: Pressão manométrica nula; Ponto 3: Pressão manométrica negative

Ou ainda, conforme podemos observar a tabela da figura 18 e 19 a seguir:

Figura 18 - Relação pressão abs x man

PRESSÃO ABSOLUTA adota como zero o vácuo total			PRESSÃO MANOMETRICA adota como zero a pressão atmosférica ao nível do mar	
ATM	BAR		ATM	BAR
1,777	1,8		+ 0,789	+ 0,8
1,579	1,6		+ 0,595	+ 0,6
1,382	1,4		+ 0,395	+ 0,4
1,184	1,2		+ 0,197	+ 0,2
0,987	1,0	Pressão atmosférica	0	0
0,789	0,8		- 0,197	-0,2
0,592	0,6		- 0,395	-0,4
0,395	0,4		- 0,595	-0,6
0,197	0,2		-0,789	-0,8
0	0	Vácuo total	- 0,987	-1,0

Fonte: Do próprio autor

Assim, podemos dizer que: **Pabs = Patm + Pman**

Figura 19 - Pressão em vários pontos

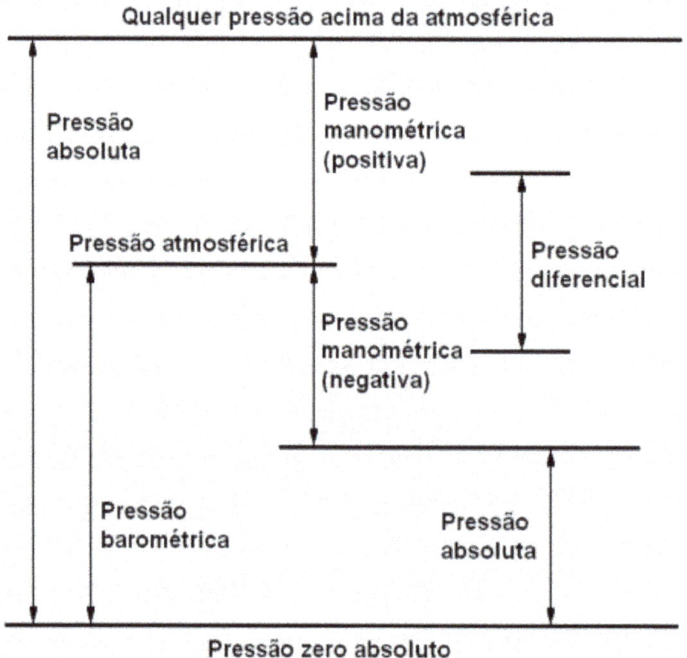

Fonte: Eletrobrás et al (2008)

3.2.3 A medição da Pressão no Processo Industrial

A medição da variável PRESSÃO é um dado importante para o processo industrial e deve levar em consideração o fluido em movimento, logo, abordaremos este assunto no próximo capítulo do livro, embora, podemos trazer ainda mais alguns conceitos importantes, conforme Rafael (2023):

⇨ PRESSÃO DIFERENCIAL: É o resultado da diferença de duas pressões medidas. Em outras palavras, é a pressão medida em qualquer ponto, menos no ponto zero de referência da pressão atmosférica (MELEIRO, 2024)

EXEMPLO: Se uma tubulação A apresenta valor de pressão 150bar e a tubulação B apresenta valor de 50 bar, então a pressão do diferencial é de 100 bar. Os equipamentos de medição da pressão diferencial já indicam essa diferença entre A e B.

Figura 20 - Pressão em tubulações

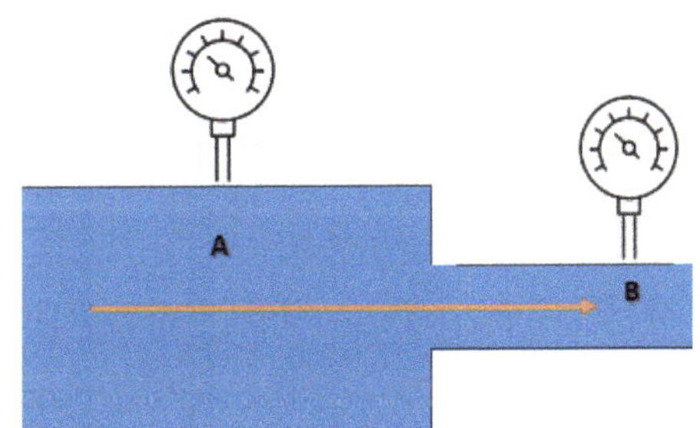

Fonte: Do próprio autor

⇨ PRESSÃO ESTÁTICA: é dada pela equação da força por unidade de área; corresponde à pressão, isenta de influências da velocidade. (RAFAEL, 2023)

- Se não houver circulação do fluido, a pressão será a mesma em todos os pontos da tubulação, correspondente a pressão da coluna de líquido em repouso que estiver no mesmo nível, como pode ser visto na figura 21 abaixo.

Figura 21 - Tomada de pressão em tanques

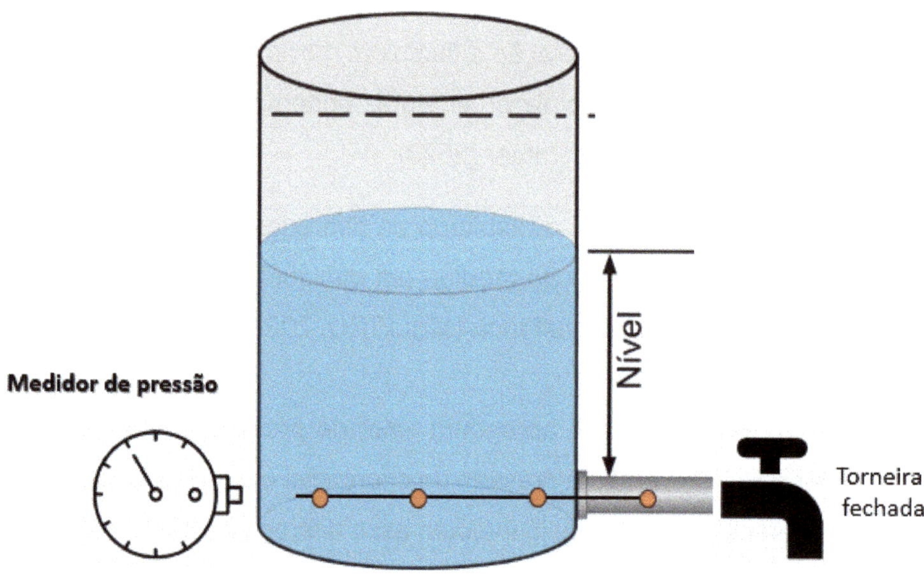

Fonte, adaptado de: TP20 – Pressure transmitter -Pressure gauge (alfacomp.net)

• Se houver circulação, a pressão deve ser medida através de um orifício de pressão, com eixo perpendicular à corrente do fluido, de modo que a medição não seja influenciada pela componente dinâmica da circulação (falaremos mais em outro momento sobre a pressão com fluido em movimento)

Figura 22 - Tomada de pressão na saída de tanques

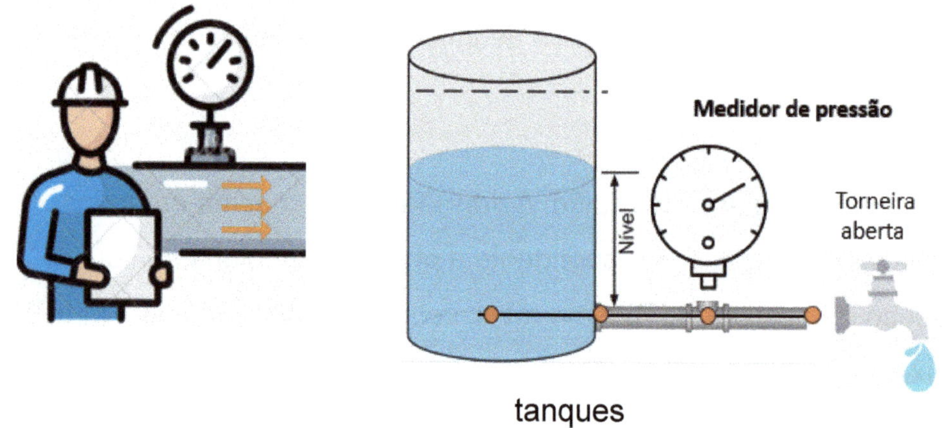

Fonte, adaptado de: TP20 – Pressure transmitter -Pressure gauge (alfacomp.net)

EXERCÍCIOS:

1. Aplica-se uma força de 80 N perpendicularmente a uma superfície de área 0,8 m^2. Calcule a pressão exercida.
2. Qual a pressão exercida por um tanque de água que pesa 1000 N, sobre a sua base que tem uma área de 2 m^2?
3. Para pregar um prego numa parede, aplica-se uma martelada que transmite ao prego uma força de 50 N. A área de contato da ponta do prego com a parede é de 0,2 mm^2. Calcule a pressão exercida sobre a parede no instante da martelada.

3.3 Teorema de Stevin

DESAFIO: Veja a situação a seguir e responda

Figura 23 – Situação problema num reservatório

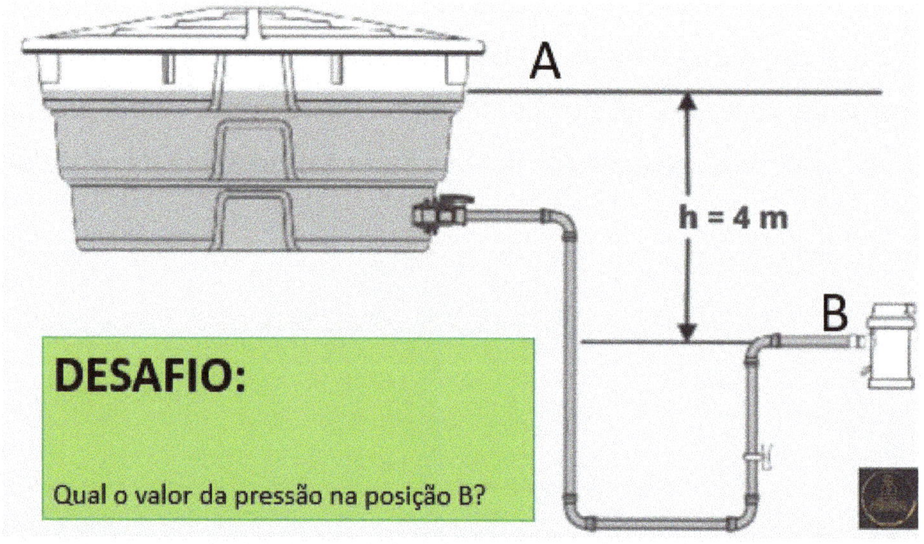

Conceito de pressão estática, pressão dinâmica e pressão de serviço (Hidráulica predial) (youtube.com)

A partir dos conceitos a seguir você será capaz de vencer o desafio!

Seja o reservatório a seguir, com líquido de massa (m) na altura h. A pressão exercida no fundo do recipiente (ponto A) é dada pela expressão, conforme Yamamoto, Fuke (2016):

Figura 24 - Tomada de pressão em reservatórios

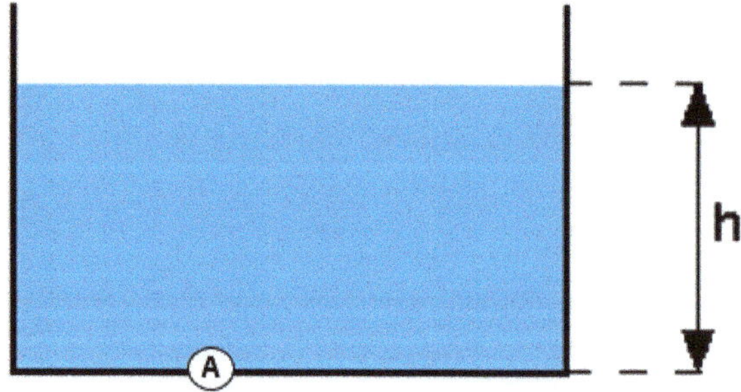

Fonte: Próprio autor

- a pressão exercida no fundo de um recipiente é: $P = \frac{F}{A}$
- a densidade do líquido é $\rho = m/V$; portanto a massa é: $m = \rho \cdot V$
- o volume do líquido é: $V = A \cdot h$
- substituindo V na expressão de densidade, temos: $m = \rho \cdot A \cdot h$
- substituindo a massa na expressão inicial da pressão: $P = \frac{\rho \cdot A \cdot h \cdot g}{A}$

Logo:

$$P_A = \rho_{líq} \cdot g \cdot h = \gamma_{liq} \cdot h$$

Segundo Yamamoto, Fuke (2016):

> A pressão no ponto A é devida **APENAS** a coluna de líquido
> é dada por : $\mathbf{P_A = \rho_{líq} \cdot g \cdot h_A}$
> e é chamada de **Pressão Hidrostática.**

Portanto, *A pressão exercida por uma coluna de líquido* **não depende** das dimensões do recipiente que a contém, **mas apenas** da natureza do líquido, a densidade (**$\rho_{líq}$**), do local (**g**) e a altura da coluna (**h**). (YAMAMOTO, FUKE, 2016)

APLICAÇÃO:

Como calcular a pressão total num certo reservatório aberto à atmosfera?

Veja a imagem 25 a seguir e aplique o conhecimento que já aprendeu, partindo de:

Pabs = Patm + Pman

Ou seja: A pressão total ou pressão absoluta (pabs) da coluna deve levar em conta a pressão atmosférica e a pressão efetiva (no caso, a pressão hidrostática da coluna de liquido)

Figura 25 - Pressão total num reservatório

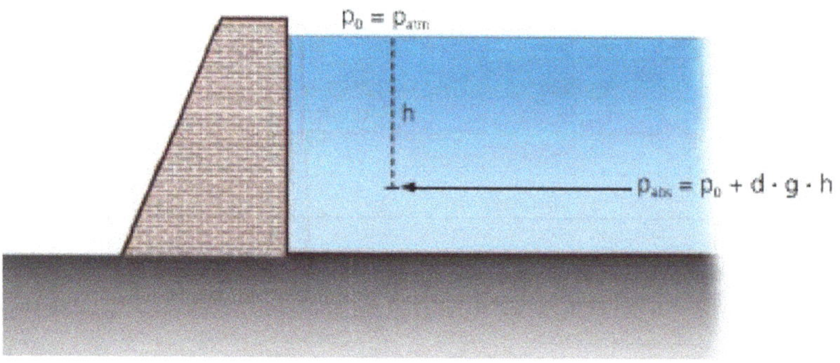

Fonte: Yamamoto, Fuke (2016)

CASO INTERESSANTE:

A que altura - h - o peixe sentirá uma pressão hidrostática igual à pressão atmosférica?

Figura 26 – Altura h, em que o peixe sente a Patm

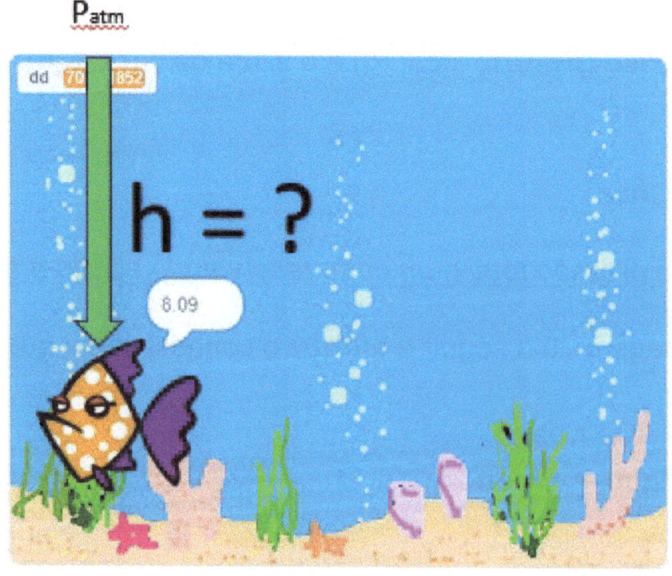

Fonte: Pressão na água on Scratch (mit.edu)

⇨ Considere que o peixe está à uma altura h da superfície líquida, cuja densidade é : $\rho_{liq} = 1{,}0.10^3 kg/m^3$

⇨ Usando a equação da pressão da coluna de liquido em que expressa a pressão sentida pelo peixe, P_{peixe}, na altura h, igual a:

$$P_{peixe} = \rho_{líq} .g.h = 1{,}0.10^3.10.$$

⇨ Considerando o valor da pressão atmosférica P_{atm} igual a $1{,}0.10^5$ N/m²

⇨ Podemos escrever: $\mathbf{P_{atm} = P_{peixe}}$, ou seja - $1{,}0.10^5 = 1{,}0.10^3.10.h$ - h=10m,

Logo, podemos dizer que, quando se tratar de **coluna de água**:

✓ **Uma coluna de água de 10 m de profundidade exerce uma pressão igual à pressão atmosférica** (FERRARO, SOARES, 1998)

✓ **A cada 10m de profundidade na água, a pressão devido à coluna líquida aumenta de 10^5 Pa ou 1 atm.**

Veja a animação que mostra a pressão a qual o peixe fica submetido. Acesse "**Pressão na Água on Scratch" no site PhEt** Interactive Simulations.

Assim, podemos chegar ao Teorema de Stevin:

Figura 27 – Altura entre os pontos A e B

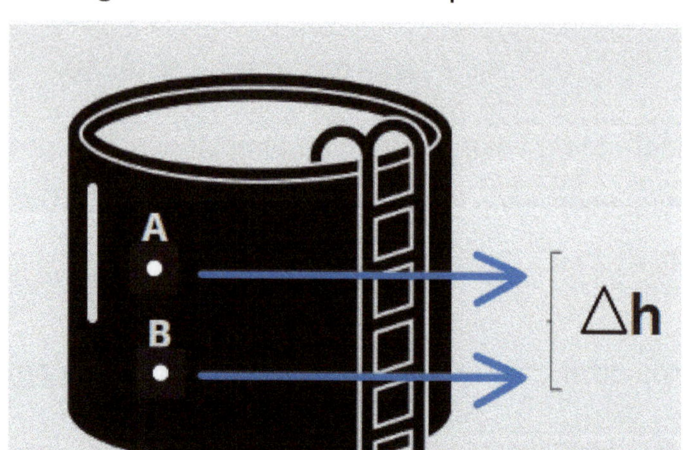

Fonte: Do próprio autor

TEOREMA: A diferença de pressão entre dois pontos da massa de um líquido em equilíbrio é igual à diferença de nível entre os pontos, multiplicada pelo peso específico do líquido; é a pressão hidrostática exercida pela coluna de líquido entre esses dois pontos. (FERRARO, SOARES, 1998)

$$\Delta P = P_A - P_B = \rho_{liq} . g . h = \gamma_{liq} . h$$

CONSEQUENCIAS DA LEI DE STEVIN:

A) DOIS PONTOS QUE ESTEJAM NA MESMA PROFUNDIDADE (no mesmo nível), situados no interior de um líquido homogêneo em equilíbrio, tem a mesma pressão. (FERRARO, SOARES, 1998)

Figura 28 - Entendendo Stevin

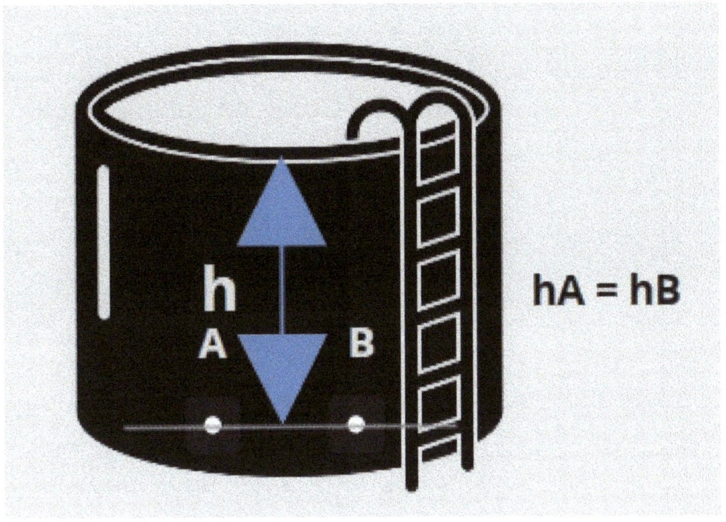

Fonte: Do próprio autor

Então: **PA = PB**

B) VASOS COMUNICANTES: é um termo utilizado para designar a ligação de dois recipientes através de um duto aberto. Se colocarmos líquido em dois tubos que estejam interligados, o liquido vai se comportar de forma a apresentar **sempre o mesmo nível**, independentementeda forma ou do diâmetro de cada tubo. (YAMAMOTO, FUKE, 2016)

Na figura a seguir, as cotas 1, 2 e 3 são as mesmas, Z. Logo a pressão nos pontos 1, 2 e 3 é a mesma. Embora a pressão na cota h seja outra, devido a diferença de nível entre elas.

Figura 29 - Vasos comunicantes

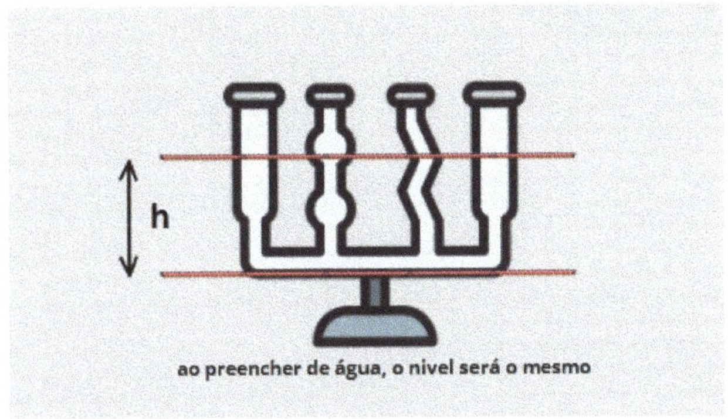

Fonte: Próprio autor

EXEMPLOS COTIDIANOS:

Figura 30 - Cotas na caixa d'água

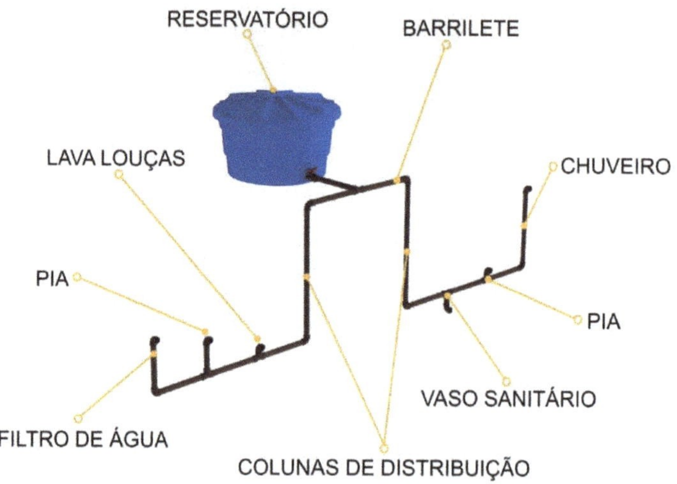

Fonte: [Instalação hidráulica: o que é e como fazer? - Construindo Casas]

Figura 31 - Cotas de nível em marcações de edificações

Fonte: [Mangueira De Tirar E Bater Nível Transparente Para Pedreiros - R$ 1,80 ... (yahoo.com)]

Figura 32 - Nível no bule de café

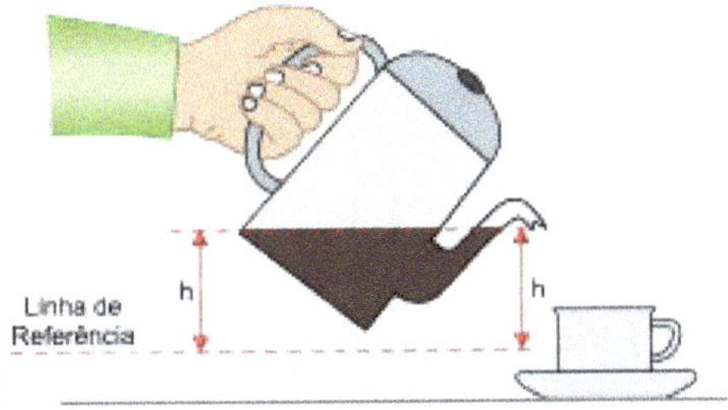

FONTE: Vasos comunicantes (forumeiros.com)

Figure 33 - Cota no vaso sanitário

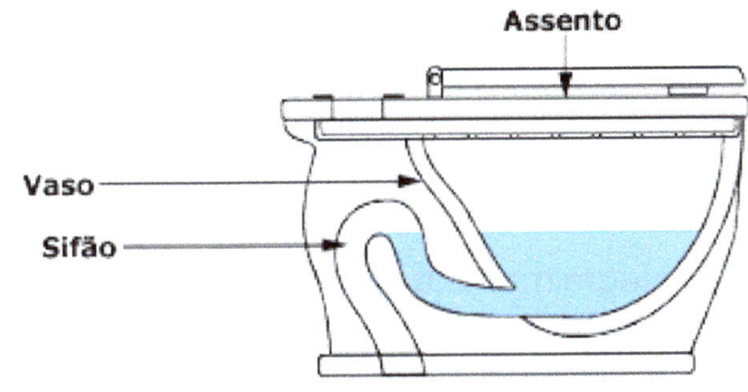

Fonte: O Pórtico.com: Caixa sifonada: entenda como funciona (o-portico.blogspot.com)

C) TEOREMA DE PASCAL: Imagine um recipiente como ilustrado na figura abaixo e cheio de água com furos tampados com rolhas – situação A. Se você exercer uma força F conforme situação B as rolhas irão saltar. Por quê?

O teorema de Pascal explica isso:

Figura 34 - Pressão em vários pontos – princípio de Pascal

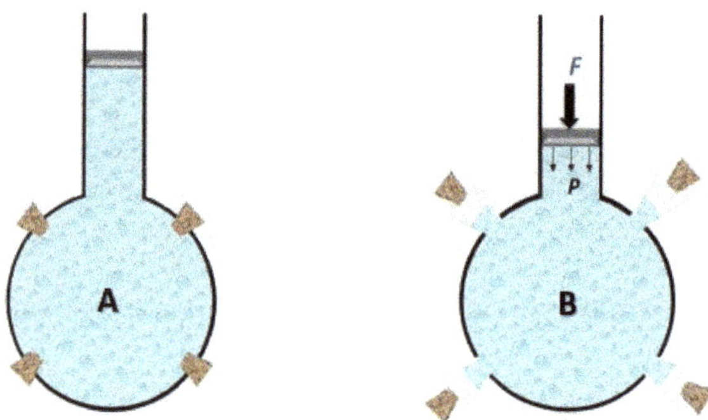

Fonte: Princípio PASCAL? | Aprenda FÁCIL com exercícios simples ✔ (citeia.com)

TEOREMA: O acréscimo de pressão exercida num ponto em um líquido ideal em equilíbrio se transmite integralmente a todos os pontos desse líquido e às paredes do recipiente que o contém. (FERRARO, SOARES, 1998)

Figura 35 - Força exercida por um embolo

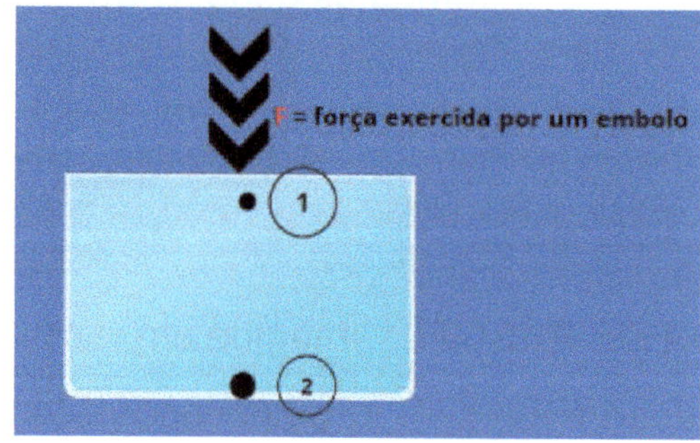

Fonte: Próprio autor

APLICAÇÕES DA LEI DE PASCAL

As máquinas hidráulicas são instrumentos capazes de multiplicar forças que estão presentes em nosso cotidiano.

Figura 36 - Aplicação de Pascal

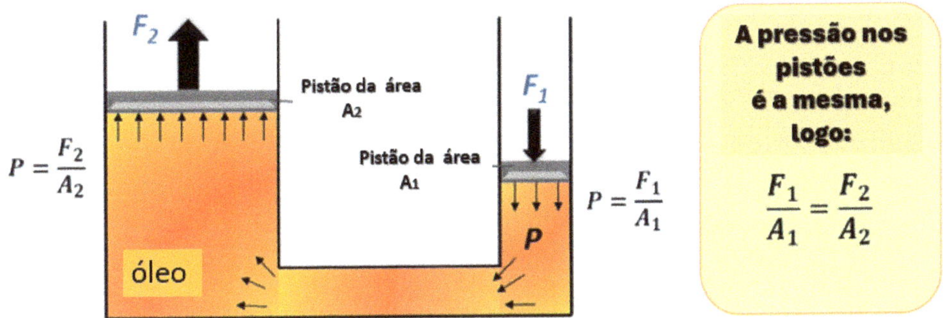

Fonte: Princípio PASCAL? | Aprenda FÁCIL com exercícios simples ✔ (citeia.com)

OUTROS EXEMPLOS COTIDIANOS:

Figura 37 - Pascal no freio do carro

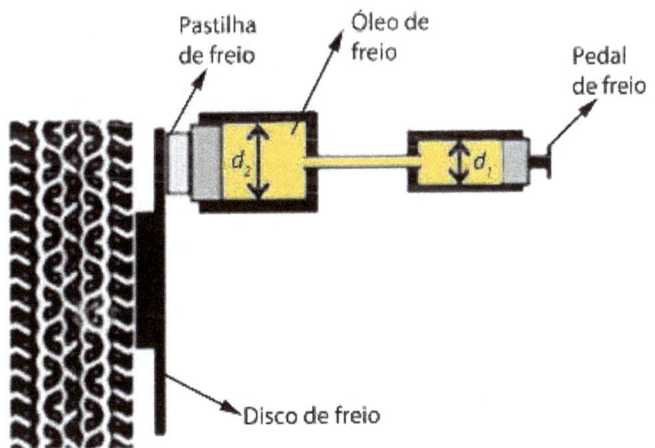

Fonte: Princípio de Pascal - Toda Matéria (todamateria.com.br)

 **ATIVIDADE PRÁTICA**:

Vamos fazer um elevador hidráulico?

⇨ Siga os passos assistindo ao vídeo:

Como Hacer un ELEVADOR HIDRAULICO (Principio de Pascal) (youtube.com)

Figura 38 - Elevador hidráulico

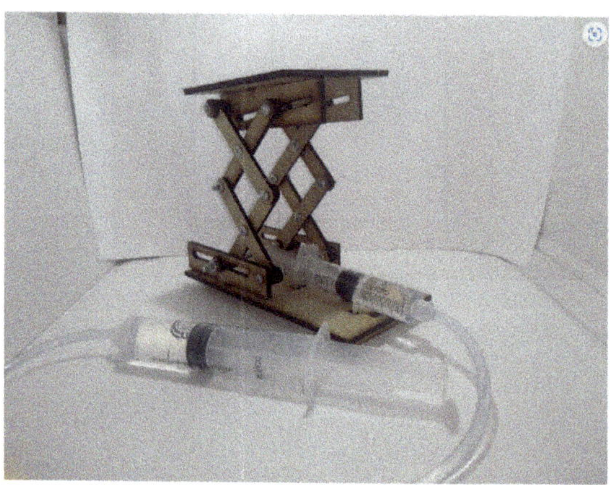

Fonte: kit-ecopech-elevador-hidraulico-4-scaled.jpg (2560×1920) (ecopechperu.com)

A VARIÁVEL PRESSÃO NA INDUSTRIA

CAPÍTULO 4

4 A importância da variável pressão em uma indústria

- Muitas são as aplicações dos medidores de pressão, entre elas temos:

- Processos de sínteses de plásticos que operam a pressões elevadas;

- Evaporadores que trabalham ema alto vácuo;

- Eletrodeposição de metais;

- Operações na indústria alimentícia a altas pressões que reduzem o tempo de cozimento;

- Torres de destilação que exigem o controle da pressão em medições precisas;

4.1 Uso da lei de Pascal e Stevin

Apresentamos a seguir os tipos de manômetros que obedecem às leis fundamentais da Estática dos Fluidos, LEIS DE PASCAL e LEI DE STEVIN.

A) PIEZÔMETRO

Consiste num tubo de vidro, que ligado ao reservatório, permite medir diretamente a carga de pressão (h) .

Usado para medir pressões estáticas, avalia segurança em barragens, define subpressões em maciços de rocha ou terra, avalia o padrão de infiltração, entre outros. (ZUCHERATTO, 2021)

Calcula-se a pressão diretamente pela equação da Lei de Stevin:

$$\mathbf{Ptubo = Patm + \rho \times g \times h}$$

Se considerarmos somente a pressão efetiva (Pef), temos:

$$\mathbf{Ptubo = \rho \times g \times h}$$

Figura 39 - Piezômetro

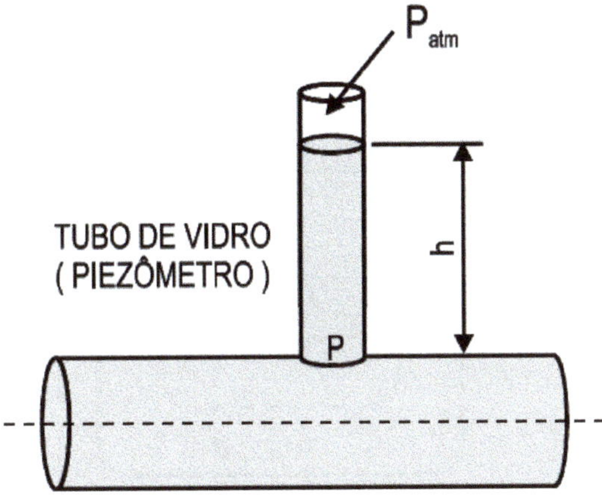

Fonte: 32092.PDF (unip.br)

Desvantagens:

⇨ Não mede pressões negativas, pois não formaria a coluna para medição

⇨ Impraticável para pressões elevadas, pois a cota da coluna h teria valor muito alto

⇨ Não mede pressões de gases, pois o mesmo estaria indo embora pelo tubo

b) TUBO EM "U"

- É o medidor mais simples e tem faixa de medição entre 0 e 2000 mmH2O/mmHg.
- Um dos ramos do tubo é ligado ao local em que se deseja conhecer o valor da pressão.
- A pressão do fluido em escoamento (fluido qualquer) atua sobre o líquido do tubo (fluido M), movendo-o dentro do tubo. A altura deslocada é contabilizada por meio da escala graduada, indicando a pressão diferencial.
- Muito utilizado em laboratórios de calibração, no sistema de ar de superalimentação do motor a diesel, na caixa de fumaça das caldeiras.
- O fluido M do tubo pode ser água, mercúrio 2, álcool etílico.

Figura 40 - Tubo em U

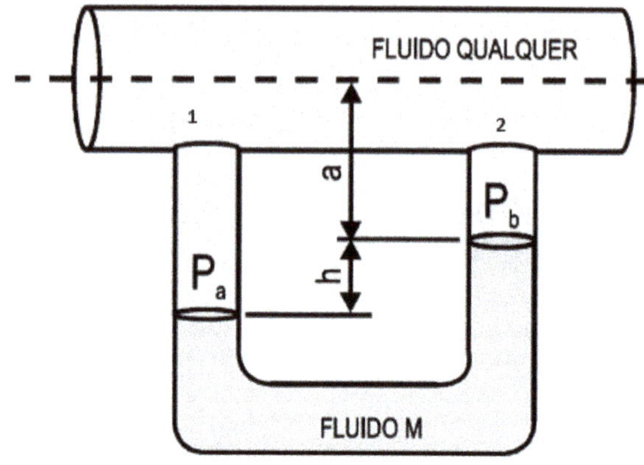

Fonte: 32092.PDF (unip.br)

Aplicando a equação manométrica:

- Do lado esquerdo do tubo em "U", temos P1, logo: P1 = Pa + ρ x g x (a + h)
- Do lado direito do tubo em "U", temos P2, logo: P2 = Pb + ρ x g x a + ρm x g x h

Acertando as equações acima, temos que: **Pa - Pb = h x g x (ρm - ρ)**

Vantagens:

⇨ Serve para gás.;

⇨ Se a diferença de pressão for muito grande, basta utilizar o fluido "m" com elevada massa específica, normalmente utiliza-se o mercúrio (Hg);

⇨ Pode ser usado para pressões negativas – neste caso o desnível h será visto no ramo esquerdo e não no direito como está na figura;

4.2 Uso da lei de Hooke

Apresentamos a seguir o medidor de pressão que obedece à LEI DE HOOKE

a) Manômetro tipo Elástico:

- Utilizam a deformação de um elemento elástico para medir a pressão
- Faixa de pressão até 1000 kg/cm2
- Podem ser do tipo Bourdon, Membrana (ou diafragma) ou Fole
- Ao ligar o manômetro, o tubo fica internamente submetido a uma pressão P que o deforma, havendo um deslocamento de sua extremidade que, ligada ao ponteiro por um sistema de alavancas, relacionará sua deformação com a pressão do reservatório em questão.

Figura 41 - Funcionamento do tipo Bourdon

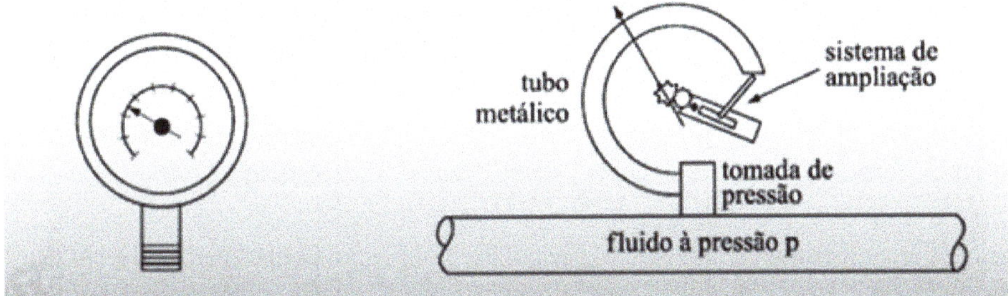

Fonte: Aula 04 - Manômetros em U (youtube.com)

Figura 42 – Tipo manômetro de Bourdon

Fonte: Manômetro para tubo Bourdon - RU 100 - Schmierer GmbH - mostrador / com rosca / montado em painel (directindustry.es)

TIPOS	ELEMENTOS DE RECEPÇÃO	CARACTERISTICAS
A **- <u>MAMÔMETROS DE LIQUIDOS</u>**: utilizam um líquido como meio para medir a pressão Estes instrumentos ja não são mais usados na área industrial, se limitando a locais do processo em que os valores medidos não são tão cruciais para o resultado. Porém, é nos laboratórios de calibração que ainda encontramos sua grande utilização, pois podem ser tratados como padrões. (ELETROBRÁS ET AL, 2008)	Coluna em U Coluna reta vertical Coluna inclinada	construção é simples e de baixo custo. é constituído por tubo de vidro com área seccional uniforme, uma escala graduada, um líquido de enchimento e suportados por uma estrutura de sustentação Líquido com baixa densidade e não volátil (em geral: água e mercúrio) O valor de pressão medida é obtido pela leitura da altura de coluna do líquido deslocado em função da intensidade da referida pressão aplicada A temperatura do ambiente influencia o resultado da leitura, por isso precisa ser compensada
B - **<u>MANÔMETRO TIPO ELÁSTICO</u>**: utilizam a deformação de um elemento elástico para medir a pressão	Tubo de Bourdon (em C, espiral ou helicoidal) - não apropriado para micro pressão - 1000 kgf/cm^2 Diafragma – baixa pressão – 3 kgf/cm^2 Fole – baixa e média pressão – 10 kgf/cm^2 Capsula – micropressão (300 mmH_2O)	**Baseia-se na lei de Hooke** sobre elasticidade dos materiais. (essa lei que relaciona a força aplicada em um corpo e a deformação por ele sofrida.) O elemento de recepção de pressão tipo elástico sofre deformação tanto maior quanto a pressão aplicada. (Está deformação é medida por dispositivos mecânicos, elétricos ou eletrônicos.) O elemento de recepção de pressão tipo elástico, comumente chamado de manômetro, é aquele que mede a deformação elástica sofrida quando <u>está submetido a uma força resultante da pressão aplicada sobre uma área específica</u>. (Essa deformação provoca um deslocamento linear que é convertido de forma proporcional a um deslocamento angular através de mecanismo específico.) Ao deslocamento angular é anexado um ponteiro que percorre uma escala

		linear e cuja faixa representa a faixa de medição do elemento de recepção. b) Principais tipos de elementos de recepção.

EXERCÍCIOS:

1. Calcule a pressão total no fundo de um lago à profundidade de 20 m. São dados: pressão atmosférica $p_{atm} = 1.10^5$ N/m^2; aceleração da gravidade g = 10 m/s^e; densidade da água d = 1.103 kg/m^3.

2. Um grande tanque próprio para o depósito de combustíveis possui 10 m de altura e armazena gasolina. Qual é a pressão, em N/m^2, gerada pela gasolina em um ponto que corresponde a dois quintos da altura do tanque? Considere que o tanque está fechado. Dados: $\rho_{gasolina}$ = 700 Kg/m^3

3. Calcule a pressão total no fundo de um rio à 10 m de profundidade. São dados: p_{atm} = 3.103 N/m^2; g = 10 m/s^e; $d_{água} = 1.10^3$ kg/m^3.

4. (Enem 2015) No manual de uma torneira elétrica são fornecidas instruções básicas de instalação para que o produto funcione corretamente: Se a torneira for conectada à caixa-d'água domiciliar, a pressão da água na entrada da torneira deve ser no mínimo 18 kPa e no máximo 38 kPa. Para pressões da água entre 38 kPa e 75 kPa ou água proveniente diretamente da rede pública, é necessário utilizar o redutor de pressão que acompanha o produto. Essa torneira elétrica pode ser instalada em um prédio ou em uma casa. Considere a massa específica da água 1 000 kg/m3 e a aceleração da gravidade 10 m/s². Para que a torneira funcione corretamente, sem o uso do redutor de pressão, quais deverão ser a mínima e a máxima altura entre a torneira e a caixa-d'água?

a) 3,8 m e 7,5 m
b) 1,8 m e 7,5 m
c) 18 m e 38 m
d) 1,8 m e 3,8 m
e) 18 m e 75 m

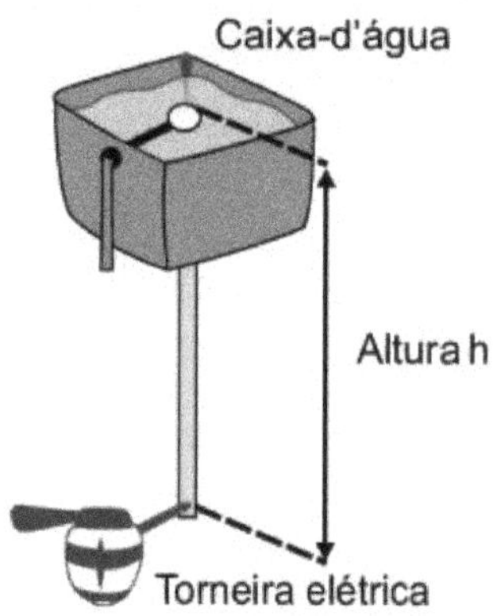

5. Observe a figura. Em relação à figura e à distribuição da água em construções, responda.

a) Os engenheiros utilizam em suas construções um princípio que permite que a água seja distribuída a todos os pontos da construção. Como é chamado esse princípio? (Adaptado de: FACISB 2016 Em um edifício de quatro andares existem um reservatório de - Estuda.com ENEM)

b) De acordo com a figura, essa construção apresenta um problema. Explique qual é o problema e tente solucioná-lo.

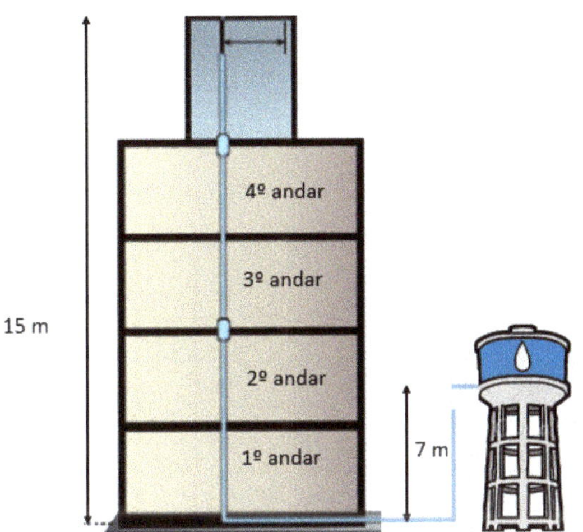

(http://equipedeobra.pini.com.br. Adaptado.)

6. (Unesp 2004) O tubo aberto em forma de U da figura contém dois líquidos não miscíveis, A e B, em equilíbrio. As alturas das colunas de A e B, medidas em relação à linha de separação dos dois líquidos, valem 50 cm e 80 cm, respectivamente.

a) Sabendo que a massa específica de A é 2,0 x 103 kg/m3, determine a massa específica do líquido B.

b) Considerando g = 10 m/s2 e a pressão atmosférica igual a 1,0 x 105 N/m2, determine a pressão no interior do tubo na altura da linha de separação dos dois líquidos.

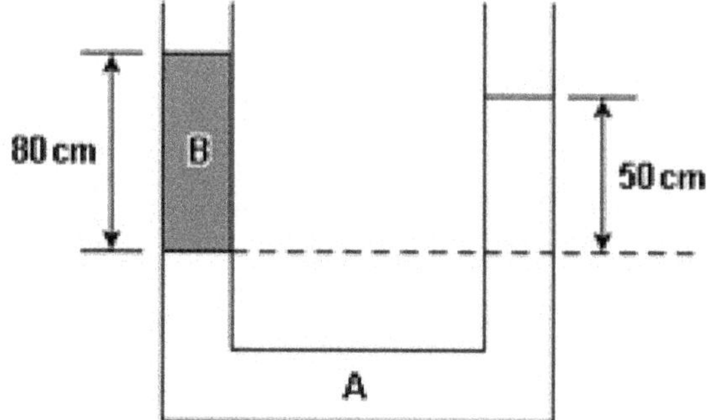

7) (Unesp 2006) Uma pessoa, com o objetivo de medir a pressão interna de um botijão de gás contendo butano, conecta à válvula do botijão um manômetro em forma de U, contendo mercúrio. Ao abrir o registro R, a pressão do gás provoca um desnível de mercúrio no tubo, como ilustrado na figura. Considere a pressão atmosférica dada por 105 Pa, o desnível h = 104 cm de Hg e a secção do tubo 2 cm2. Adotando a massa específica do mercúrio igual a 13,6 g/cm3 e g = 10 m/s2, calcule a pressão do gás, em pascal.

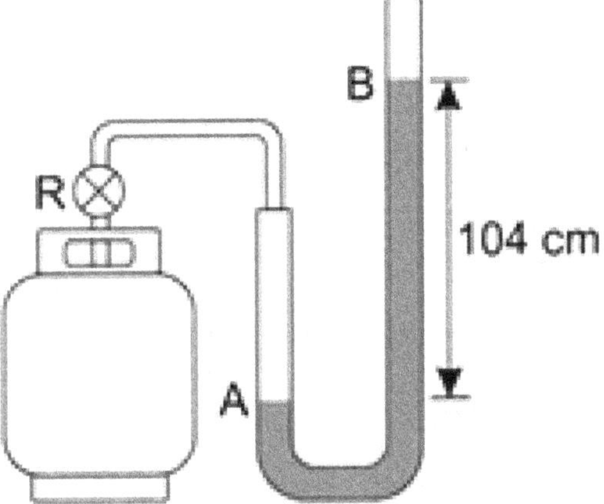

REFERÊNCIAS

AUTOR DESCONHECIDO. Blog. Mecânica dos Fluidos e Trubomáquinas: Pressão Estática, Pressão Dinâmica, Pressão de Estagnação, Tubo de Pitot. 23. 03.2015. Disponível em:< Mecânica dos Fluidos e Turbomáquinas: Pressão Estática, Pressão Dinâmica, Pressão de Estagnação, Tubo de Pitot (mecanicadosfluidos1.blogspot.com)> Acesso em: 28/01/2024

BARBOSA, Gleisa Pitareli. Operações da Industria Química: princípios, processos e aplicações. 1ª ed. São Paulo. Érica, 2015 (série eixos)

BATISTIC, Ricardo Mortara. Estação de tratamento de água: como funciona e quais são as exigências legais. Neo Water, Eficiência Hidráulica.23 junho de 2022. Disponível em: < Estação de tratamento de água (ETA): o que é e como funciona (neowater.com.br).> Acesso em: 03/01/2024

BRAGA, Rafael. Pressão atmosférica, o que é? Definição e variações de pressão. Conhecimento Científico. 29 dez 2020. Disponível em: Pressão atmosférica, o que é? Definição, medição e variações de pressão (r7.com) Acesso em: 26/01/2024

BRISSI, Prof. Dedimar Alves. SÉRIE DE EXERCÍCIOS – HIDROSTÁTICA. http://www.deidimar.pro.br. Disponível em: <introducao_hidrostatica.pdf (deidimar.com.br)>. Acesso em: 04/05/2024

BRUNETTI, Franco. Mecânica dos Fluidos. 2 ed. rev. São Paulo. Person Prentice hall, 2008

CESAN. **Apostila de Tratamento de Água.** Disponível em:<APOSTILA_DE_TRATAMENTO_DE_AGUA-.pdf (cesan.com.br)> Acesso em 03/01/2024

CONNOR, Nick. O que é pressão dinâmica – pressão de velocidade – definição. Thermal Engineering. 04.11.2019. Disponível em:< O que é pressão dinâmica - pressão de velocidade - definição (thermal-engineering.org)> . Acesso em: 28/01/2024

ELETROBRÁS et al. Instrumentação e controle: guia básico. Brasília. IEL/NC, 2008. 218 p:il.

FAVRETTO, Tairine. Hidrostática: o que é pressão, densidade e a equação fundamental. Blog do Enem. Disponível em: Hidrostática: pressão, densidade e a equação fundamental (cursoenemgratuito.com.br) Acesso em: 23/01/2024.

FELIPO. O que é pressão de ar ou air pressure?. Dicionário do Petróleo. 12 agosto 2021. Disponível em: O que é pressão de ar ou air pressure? (dicionariodopetroleo.com.br) Acesso em: 23/01/2024

FERRADO, Nicolau Gilberto. SOARES, Paulo Antonio de Toledo. Física Básica: volume único. Ed Atual. São Paulo. 1998

GOES, Pedro. Entendendo A Tensão De Cisalhamento Do Fluido: Uma Introdução À Fluidodinâmica. Dicionário do Petróleo. 25 março 2023. Disponível em: Entendendo a Tensão de Cisalhamento do Fluido: Uma Introdução à Fluidodinâmica. (dicionariodopetroleo.com.br) Acesso em: 23/01/2024

GUEDES, Hugo Alexandre Soares. RESERVATÓRIO DE DISTRIBUIÇÃO DE ÁGUA. Universidade Federal de Pelotas - UFPEL Centro de Engenharias - CENG Disciplina: sistemas urbanos de água. 2018. Disponível em:< Apresentação do PowerPoint (ufpel.edu.br)>. Acesso em: 06/01/2024

MATOS, Simone Pires de. Operações Unitárias: fundamentos, transformações e aplicações dos fenômenos físicos e químicos. 1ª ed. São Paulo. Érica, 2015

MELEIRO, Prof. Luiz Augusto C. Instrumentação Básica. PDF Instrumentos para medir pressão. Universidade Federal Rural do Rio de Janeiro. Curso de Engenharia de Alimentos. DTA – IT – UFRRJ. Processos Biotecnológicos – IT 243.

METRÓPOLE DIGITAL. Aula 03. Sensores de Pressão. Metrópole Digital. https://creativecommons.org/licenses/by-nc-nd/4.0/. Disponível em:< Material Didático - IMD (ufrn.br)>. Acesso em: 28/01/2024

NBR 12217/94 - Projeto de reservatório de distribuição de água para abastecimento público – Procedimento (cód secundário: ABNT/NB 593)

RAFAEL, Prof. Daiane C. PDF Instrumentação Industrial. Aula 6: Medição de Pressão. CEFET. MG. Jan 2023 Result Images of Estacao De Tratamento De Agua - EDUCA (b2m.cz)

SANTOS, Prof. Daniel Costa dos. **RESERVATÓRIOS DE ABASTECIMENTO DISTRIBUIÇÃO DE ÁGUA.** TH028 - Saneamento Ambiental I. UFPR. Disponível em: TH036 – Gerenciamento de Recursos Hídricos (ufpr.br)>. Acesso em: 06/01/2024

SOLUÇÕES CONSULTORIA**. O que são Sistemas de Bombeamento. Empresa Junior** de Engenharia de Produção e Mecânica da Universidade Federal de Viçosa - Viçosa/MG**.** Disponivel em:< O que são Sistemas de Bombeamento? - Soluções Consultoria (solucoesufv.com.br)> Acesso em: 03/01/2024

SOUZA, Prof. Dr. Rodrigo Otávio Rodrigues de Melo Souza. HIDRÁULICA RESUMO DAS AULAS.

TAGLIAFERRO. Prof. Gerônimo Virgínio. Operações Unitárias I. Disponível em: OPERAÇÕES UNITÁRIAS I (usp.br). Acesso em 23/01/2024 UNIVERSIDADE FEDERAL RURAL DA AMAZÔNIA - UFRA. INSTITUTO DE CIÊNCIAS AGRÁRIAS – ICA. Belém, PA. Ago,2010.

UNIVERSIDADE FEDERAL RURAL DA AMAZÔNIA - UFRA. INSTITUTO DE CIÊNCIAS AGRÁRIAS – ICA. Belém, PA. Ago,2010.

YAMAMOTO, Kazuhito. FUKE, Luiz Felipe. Física para o ensino médio – mecânica. Vol. 1. 4ª ed. Saraiva. São Paulo, 2016

ZUCHERATTO, Junior. Nelson Luiz. Revisão Bibliográfica em barragens de terra por meio de instrumentação geotécnica. [manuscrito]. Universidade Federal de Ouro Preto. Escola de Minas – UFOP. Ouro Preto. Dez/2021

www.ingramcontent.com/pod-product-compliance
Ingram Content Group UK Ltd.
Pitfield, Milton Keynes, MK11 3LW, UK
UKHW052106270726
14058UKWH00005BA/661